진 짜 다 알려주는

TikTok
350만 팔로워
「**오므라이스 프로**」
그가 다 오픈한

오므라이스

기본부터
소스+오므라이스
국물+오므라이스
면+오므라이스
까지

오므라이스 프로

정문주 옮김

책

GREENCOOK

환영합니다!
오므라이스의
놀라운 세계에 오신 것을

안녕하세요! 「오므라이스의 프로」입니다. 저는 평소 아이치현 오카자키시의 레스토랑 「몽글몽글 달걀 오므라이스 산타」에서 셰프를 맡고 있습니다.

오므라이스 만들기의 즐거움과 그 맛을 널리 알리고자, TikTok에 영상을 처음 올린 것이 2020년 6월. 그리고는 눈 깜짝할 사이에 팔로워가 350만 명이 넘을 정도로 성장했습니다.

그리고 마침내 제 꿈이었던, 오므라이스 만들기의 노하우를 담은 레시피북이 완성되었습니다. 지금까지는 TikTok을 통해 여러분께 오므라이스의 매력을 전했지만, 이 책으로 더욱 많은 사람에게 오므라이스 만들기의 즐거움과 맛있게 만드는 방법을 알릴 수 있게 되어 감회가 새롭습니다.

제가 요리의 길로 들어선 것은 아버지의 영향입니다. 아버지는 이탈리아 음식을 만드는 요리사였는데, 제가 태어난 지 얼마 되지 않아 오므라이스 전문점을 오픈하셨습니다. 그래서 저는 어릴 때부터 아버지의 오므라이스를 먹으며 자랐습니다. 제 인생에는 언제나 오므라이스가 있었던 거죠.

자나 깨나 오므라이스. 그래요. 오므라이스는 저의 소울푸드입니다. 여러분 주위에도 오므라이스를 싫어하는 사람은 없죠? 일본에서 탄생하여 진화해온 오므라이스는, 남녀노소 모두에게 사랑받는 일본 사람들의 소울푸드이기도 합니다.

이 책에서는, 여러분에게 친숙한 기본적인「클래식 오므라이스」부터, 오믈렛 한가운데를 갈라 완성하는「담뽀뽀 오므라이스」, 회오리처럼 돌돌 말린「회오리 오므라이스」, 그리고 저희 가게의 명물「산타의 스크램블 오므라이스」등 다양한 스타일의 오므라이스를 기초부터 상세히 소개합니다.
또한, 달걀로 감싸는 밥의 양과 볶는 방법, 가장 알맞은 달걀과 프라이팬을 고르는 방법, 곁들이는 소스부터 홈메이드 케첩 레시피까지 맛있는 오므라이스의 노하우를 가득 담았습니다.
자, 저와 함께 맛있는 오므라이스 여행을 떠나봅시다!
아~, 빨리 먹고 싶지 않나요?

CONTENTS

PART1 오므라이스의 기본 이모저모

만드는 방법을
진짜 다 알려준다!

Column 1

PART2 기억해 두면 좋은 기본의 응용

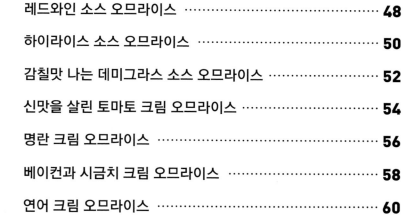

CONTENTS

PART3 색다른 재료를 조합한 깜짝 오므라이스

PART4 면과 달걀의 조합, 면+오므라이스

【이 책의 사용법】

- 채소류는 따로 표기가 없는 경우, 씻거나 껍질을 벗기는 등의 밑손질을 마친 후의 과정을 설명한다.
- 요리의 밑손질에 사용하는 소금(소금 문지르기, 소금물에 데치기 등)이나 식초(식촛물)는 재료에 표기하지 않은 경우가 있다.
- 프라이팬은 기본적으로 불소수지 코팅(테플론가공)한 것을 사용한다.
- 만드는 방법에서 불조절에 관해 따로 표기가 없는 경우, 중불로 조리한다.
- 1작은술 = 5㎖, 1큰술 = 15㎖, 1컵 = 200㎖.
- 전자레인지 가열시간은 따로 표기가 없는 경우 600W가 기준이다. 500W인 경우에는 가열시간을 약 1.2배로 잡는다. 기종에 따라 다소 차이가 있을 수도 있으므로, 상태를 보면서 조절한다.

【아이콘 보는 방법】

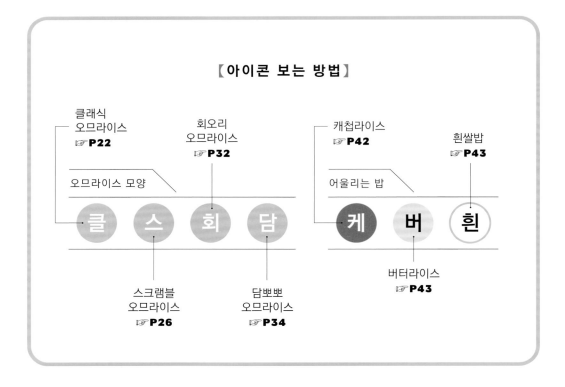

클래식
오므라이스
☞ **P22**

회오리
오므라이스
☞ **P32**

캐첩라이스
☞ **P42**

흰쌀밥
☞ **P43**

오므라이스 모양

어울리는 밥

스크램블
오므라이스
☞ **P26**

담뽀뽀
오므라이스
☞ **P34**

버터라이스
☞ **P43**

PART1

오므라이스의 기본
이모저모

언뜻 만들기 어려워 보이는, 폭신폭신하고 몽글몽글한 오므라이스.
하지만 기본을 알고 비법만 잘 익히면
맛집에서 먹던 바로 그 오므라이스를 집에서도 재현할 수 있다.

먼저 「기본」부터 잘 선택한다

달걀

달걀은
왕란으로!

슈퍼에 가면 다양한 크기의 달걀을 판매하는데, 그중 가장 큰 왕란을 추천한다. 사실 어떤 크기를 선택하든 노른자의 크기는 같으며, 흰자의 크기에 따라 중량 규격이 바뀐다. 흰자가 커야 폭신폭신하고 몽글몽글한 식감으로 완성되므로 꼭 큰 것을 선택해야 한다.

달걀물 만드는 방법은
p.16

달걀 고르기 Q&A

Q 선도가 중요한가요?

A 오므라이스의 완성도는 선도와 관계없지만, 신선한 달걀을 사용해야 합니다. 오므라이스의 달걀은 가열해도 속이 반숙상태이기 때문에, 되도록 신선한 달걀을 사용해야 좋습니다.

Q 껍질색이 중요한가요?

A 흰색이나 갈색 등 껍질색은 닭의 품종에 따라 달라지기 때문에 어느 것이 더 좋다고 할 수는 없습니다. 노른자의 색도 선명한 것, 연한 것, 오렌지색을 띠는 것 등 다양한데 이 또한 사료에 따라 달라집니다.

Q 유정란, 무정란 중 어느 것을 골라야 좋을까요?

A 유정란은 수컷과 암컷을 평사 또는 방사로 키우기에 값이 비싼데, 영양가에서는 차이가 나지 않습니다. 따라서 어느 것을 선택해도 무방합니다. 슈퍼에서 판매하는 달걀은 대부분 무정란입니다.

Q 다른 조류의 알로도 오므라이스를 만들 수 있나요?

A 메추리알, 오리알, 타조알 등 여러 가지가 있습니다. 메추리알로 만들 때는 개수가 많이 필요했지만, 맛있게 완성되었습니다. 참고로 달걀 알레르기가 있는 경우, 갈아놓은 마에 터메릭으로 색을 입혀서 오므라이스를 만들기도 합니다.

Q 비싼 달걀로 만들면 오므라이스 맛이 다른가요?

A 달걀값은 닭의 사육환경이나 사료 등에 따라 달라집니다. 값이 다르면 맛도 다르지만, 맛있는지 어떤지는 먹는 이의 취향입니다. 이 책에는 소스의 맛을 즐기는 레시피도 많아, 저렴한 달걀로도 얼마든지 맛있게 먹을 수 있습니다.

눌어붙는 일 없이, 매끄럽게 완성!

프라이팬

반드시
오므라이스 전용
프라이팬을
준비하자!

테팔의 경우
지름
20cm 크기로!

※ 타사 제품은 18~20㎝
크기로!

가스 레인지에는

테팔 프라이팬을 추천!

초보자에게는 불소수지 가공한 테팔(Tefal) 프라이팬을 추천한다. 프라이팬 한가운데에 예열 완료를 알려주는 열센서 마크가 있는 것도 테팔의 장점이다. 다만 불소수지 가공한 프라이팬은 오래 사용하면 표면에 흠집이 많이 생겨, 음식물이 달라붙기 쉽다. 최고의 오므라이스를 만들고 싶다면 전용 프라이팬을 준비하자. 1,500번은 사용할 수 있다.

테팔이란?

불소수지 가공의「달라붙지 않는 프라이팬」을 세계 최초로 판매한 프랑스 브랜드. 최근 티타늄 코팅으로 내구성과 편리성이 더욱 좋아졌다.

중·상급자에게는

키프로스타!

프로 요리사 중에도 애용하는 사람이 많은 불소수지 가공 알루미늄 프라이팬. 다만 열전도가 빨라 손잡이가 쉽게 뜨거워지므로, 손잡이를 행주 등으로 감싸서 재빨리 만들어야 한다. 테팔 프라이팬에 익숙해졌다면 키프로스타(KIPROSTAR)에 도전해 보는 것도 좋다.

키프로스타란?

키프로스타는 전문가용 요리기구를 취급하는 일본기업이다. 슬라이서, 믹서, 크레이프 메이커 등의 전문도구 외에도 냄비, 프라이팬, 들통 등이 요리를 좋아하는 사람에게도 인기다.

IH 에는
키프로스타가 최고!

기본적으로 오므라이스의 달걀물은, 프라이팬을 충분히 예열하지 않으면 몽글몽글해지지 않으며 잘 미끄러지지도 않는다. 따라서 프라이팬 옆면을 예열하는 일이 가장 중요하다. 그런데 IH는 접촉면, 즉 바닥에만 열이 전달되므로 옆면까지 충분히 예열할 수 없어 오므라이스 만들기가 어렵다.

하지만 키프로스타는 바닥이 두껍게 설계되어 바닥과 옆면의 온도가 비슷하게 올라간다. 그래서 가스레인지를 사용할 때처럼 오므라이스를 만들 수 있다.

열 전달방식이 다르다!

그 밖의
필수 아이템이라면…

고무주걱은 반드시!

금속주걱을 사용하면 테플론 가공한 표면에 흠집이 생겨, 달걀이 잘 미끄러지지 않으므로 고무주걱이 필수다! 특히 담뽀뽀 오므라이스를 만들 때 유용하다. 저렴한 제품도 상관없으니 내열용으로 준비하자.

가스레인지와 IH의 차이점은?

가스레인지는 불로 조리하고, IH(인덕션 히팅)는 자기장으로 냄비 바닥을 가열하여 조리한다. 「가열한다」는 점은 같지만, 각기 다른 장단점이 있다. IH에 사용할 수 없는 프라이팬, 냄비도 있다.

요리 기구의 특징을 파악한다

불조절

가스 레인지와 IH 는 다르다!

가스레인지는
센불과 약불의 조절이 쉽다!

가스레인지는 불의 세기를 눈으로 확인할 수 있으므로 센불, 약불 등이 쉽게 구분되는 것이 장점이다. 약불로 줄이고 싶을 때는 점화손잡이로 조절할 수도 있지만, 프라이팬을 불에서 멀리 띄워도 OK.

오므라이스는 기본적으로 중불에 가열한다. 그리고 너무 익지 않도록 재빨리 만드는 것이 포인트. 다만, 담뽀뽀 오므라이스처럼 속을 몽글몽글하게 만들 때에는 초보자라면 약불에서 천천히 만들어야 실패를 줄일 수 있다. 프라이팬은 불소수지 가공을 한, 모서리가 완만한 곡선으로 된 제품이 모양 좋게 만들어진다.

가스레인지에 적합한 프라이팬

 테팔

 키프로스타

 각진 프라이팬

철제 프라이팬으로도
오므라이스를 만들 수 있다?

오므라이스는 철제 프라이팬으로도 만들 수 있다. 단, 코팅이 벗겨졌다면, 달걀이 프라이팬에 달라붙어 스크램블드에그처럼 될 수 있다. 또한 코팅이 벗겨지면 관리 보수도 필요하다.

각진 프라이팬은 달걀을 밥 위에 올리기 어렵다. 게다가 담뽀뽀 오므라이스를 만들 때도 오믈렛 모양을 보기 좋게 만들기 어렵다.

IH의 경우

IH에는
열전도율이 좋은 프라이팬을

IH는 전기의 힘으로 열을 발생시키기 때문에, 프라이팬 바닥과 닿는 부분을 통해서만 열이 전달된다. 프라이팬을 흔들기 위해 들어 올리면 가열이 중단되기 때문에, 오므라이스를 만들기 어렵다는 단점이 있다.

오므라이스를 만들 때 중요한 점은, 달걀이 팬에서 잘 떨어지도록 프라이팬 옆면을 충분히 가열하는 것이다. 그런데 IH의 구조상 가스레인지보다 옆면을 가열하기 어려우므로, 키프로스타처럼 열전도율이 높은 프라이팬을 추천한다. 키프로스타 프라이팬이 없다면, 달걀물을 상온에 두는(또는 전자레인지로 살짝 데우는) 등 프라이팬의 온도가 내려가지 않도록 대책을 세운 다음 만들어야 한다.

IH가 설치된 집은
휴대용 가스버너가 편리!

IH로 오므라이스 만들기는 난이도가 높으므로, 휴대용 가스버너가 있다면 사용하기를 추천한다. 일부러 구매할 필요는 없지만, 재해 등을 고려하여 1대 있으면 편리하다.

IH에 적합한 프라이팬

○ 키프로스타 등
  알루미늄 프라이팬

○ 둥근 프라이팬

✕ 각진 프라이팬

폭신폭신함과 몽글몽글함의 비결

달걀물

생크림이 신의 한 수!

**폭신폭신하고 몽글몽글한 오므라이스를 만들려면 달걀물도 중요하다.
조금만 정성을 들이면, 전문점과 같은 맛으로 완성할 수 있다.**

달걀을 몽글몽글한 상태로 만들려면 달걀물을 프라이팬 위에서 많이 휘젓고, 알맞은 순간에 휘젓기를 멈추어야 한다.
생크림을 넣으면 응고온도(달걀이 뭉쳐지는 온도)가 높아져서 휘젓는 시간이 길어지는데, 그렇게 해서 공기를 많이 넣어야 달걀이 몽글몽글해진다.
단, 생크림을 넣으면 담뽀뽀 오므라이스의 경우에는 달걀이 찢어지기 쉽다. 담뽀뽀 오므라이스에 도전하는 초보자는 우선 달걀만으로 만들기를 추천한다. 그리고 소금을 넣으면 응고온도가 내려가 빠르게 뭉쳐진다. 프라이팬의 예열온도를 올리지 못할 때는 소금을 넣어 보자.

【 기본 분량 】

달걀 3개 ＋ 생크림 10g

달걀은
가스레인지의 경우
차가운 상태 그대로도 OK,
IH인 경우 상온으로!

【만드는 방법】

1. 달걀을 충분히 섞는다

볼에 달걀을 넣고 휘젓는다. 흰자와 노른자가 뭉쳐지는 온도가 다르므로, 흰자와 노른자가 하나가 될 때까지 거품기로 섞는다.

2. 생크림을 넣는다

생크림을 넣고 다시 충분히 휘젓는다. 이때 흰자와 노른자가 제대로 섞이지 않으면, 구웠을 때 색이 고르지 않다.

3. 체로 거르고 1시간 둔다

체로 걸러서 완전히 섞이지 않은 흰자, 알끈을 제거한다. 달걀물을 만든 직후 조리하면 오므라이스가 찢어지기 쉬우므로, 최소 1시간 그대로 둔다음 조리한다.

체는
저렴한 제품도
OK!

회오리 오므라이스는
달걀물 분량을 정확히 계량할 것!

달걀물이 너무 적으면 금방 익어버리므로, 달걀막을 이용해서 회오리모양 주름을 만들 수 없다. 반대로 달걀물이 너무 많으면 그 무게로 회오리모양이 망가지므로, 달걀물은 반드시 프라이팬 크기에 맞춰 분량을 계량해야 한다.

프라이팬 지름	프라이팬 지름	프라이팬 지름
18cm	**19cm**	**20cm**
↓	↓	↓
달걀물	달걀물	달걀물
80g	**90g**	**100g**

── 기름은 어떤 종류를 고를까? ──

버터와 식용유의 특징을 알자

버터의 장점은 풍미가 있어 감칠맛이 난다는 것, 단점은 타기 쉽다는 것. 단점에 대한 대책으로 버터를 넣자마자 달걀물을 붓거나, 식용유를 넣은 다음 버터를 넣으면 쉽게 타지 않는다. 식용유의 장점은 달걀이 잘 미끄러진다는 것. 그래서 회오리 오므라이스에는 식용유를 사용한다.

맛도 좋고 보기도 좋은!

밥

오므라이스 종류에 맞게 밥양을 조절!

밥은 달걀물에 맞는 분량을 준비하는 일이 중요하다. 밥이 너무 많으면, 달걀 밖으로 삐져나오거나 달걀이 찢어질 수 있으므로 주의한다.

150g

• 클래식 오므라이스   • 회오리 오므라이스

둘 다 완전히 밥을 감싸야 보기 좋다. 잘 숨겨야 하므로, 밥은 조금 적은 분량으로.

오므라이스에 들어가는 밥은 3종류! 만드는 방법은 p.42

기본인 케첩라이스와 버터라이스, 흰쌀밥과 더불어 3종류. 오므라이스에는 조금 시간이 지난 밥을 추천한다. 따뜻한 밥을 이용하면 단시간에 완성할 수 있으므로, 찬밥이나 냉동한 밥은 전자레인지에 돌린 다음 사용하자!

케첩라이스

오므라이스엔 역시 케첩라이스! 케첩을 충분히 볶아서, 신맛을 날리고 감칠맛을 끌어내는 것이 포인트.

홈메이드 케첩으로 만드는 케첩라이스도 추천!

→ 홈메이드 케첩 만드는 방법은 p.44

200g

• **담뽀뽀 오므라이스**

밥이 봉긋하게 솟아야 오믈렛을 갈랐을 때 자연스러운 모양으로 흘러내리므로, 어느 정도 솟은 모양으로 밥을 세팅한다.

• **스크램블 오므라이스**

220g

달걀을 밥 위에 올리는 타입의 오므라이스인 경우, 밥은 원하는 만큼 담아도 OK. 150~300g이 좋다.

버터라이스

버터와 간장의 향이 식욕을 자극한다. 베이컨, 검은 후추가 악센트.

흰쌀밥

밥 준비가 귀찮거나 빨리 만들고 싶을 때 추천. 흰쌀밥만으로도 충분하다. 기본적으로 어떤 소스와도 어울린다.

목표는 테크닉을 익히는 것!

오므라이스 종류

오므라이스는 **4** 종류!

밥을 감싸는 클래식 타입부터 이타미 주조 감독의 영화 『담뽀뽀』로
유명해진 담뽀뽀 오므라이스까지, 소스와 함께 4타입이 있다.

클 래식 오므라이스

밥을 감싸는 타입의 오므라이스. 프로처
럼 프라이팬을 톡톡 쳐서 밥을 감싸지 않
아도, 주걱으로 양끝을 접으면 OK.

> 밥을 완전히
> 숨긴다

> 뭐니 뭐니 해도
> 근본!

스 크램블
오므라이스

가게 「산타」의 대표 메뉴. 초보자도 쉽게
몽글몽글한 식감을 낼 수 있다! 표면을 반
숙상태로 익히고, 밥 위에 미끄러뜨린다.

회 오리 오므라이스

인스타 감성으로 단숨에 유명해진 오므라이스. 만들기 어려워 보이지만, 포인트를 파악하면 의외로 쉽다. 멋지게 성공했을 때는 감동 그 자체!

> 비법만 알면
> 의외로 간단!

> 가만히
> 올려져 있는 모습도
> 사랑스럽다!

담 뽀뽀 오므라이스

몽글몽글한 반숙 오믈렛을 밥 위에 얹고, 칼로 가운데를 가른다. 반숙상태를 조절하기가 어렵지만, 여러 번 만들면 감각을 익힐 수 있다.

> 가운데를 가르면
> 스크램블 오므라이스로!

만드는 방법을 진짜 다 알려준다!

① 클래식 오므라이스

옛날 경양식 느낌으로!

오래전부터 만들어 온 타입의 오므라이스. 얇게 구운 달걀로 감싸는 방식과 반숙달걀로 감싸는 방식이 있는데, 여기서는 반숙달걀로 감싸서 만든다. 프라이팬에 달걀물을 넣고 재빨리 휘저어, 몽글몽글한 반숙상태가 되면 그때 밥을 올려서 감싼다. 주걱을 이용하면 초보자도 쉽다!

POINT

· 프라이팬은 예열해 둔다.
· 달걀물을 넣은 다음 프라이팬을 흔든다.
· 밥은 너무 많이 넣지 않는다!

1. 프라이팬을 가열한다

프라이팬을 중불로 예열한다.

【 재료 】 1인분

달걀물 ···	120g
밥 ···	150g
버터 ···	5g
케첩 ···	적당량

2. 버터를 넣는다

버터를 프라이팬에 조금 넣었을 때 소리가 나면 예열이 잘된 OK 사인이다. 해당 분량의 버터를 넣고 프라이팬 전체에 골고루 두른다.

3. 달걀물을 넣는다

버터가 반쯤 녹았을 때, 달걀물을 단번에 흘려넣는다.

4. 달걀물을 휘저으면서 덩어리지게 한다

프라이팬을 앞뒤로 조금씩 흔들어준다!

프라이팬 바닥까지 원을 그리듯, 조리용 젓가락을 이용하여 달걀물을 재빨리 휘젓는다. 젓가락의 간격을 5㎝ 정도 벌려서 섞으면 효율적이다. 이때 많이 섞어서 공기를 넣어야 폭신한 식감이 된다. 완숙을 좋아하는 사람은 남은 달걀물이 없을 때, 반숙을 좋아하는 사람은 달걀물이 조금 남았을 때 휘젓기를 멈춘다.

달걀이 원하는 정도로 덩어리지면, 흔들기를 멈추고 5초 정도 가열한다. 달걀이 프라이팬에서 잘 떨어지면(달걀이 잘 미끄러지면) 불을 끄고, **5** 이후부터는 남은 열로 조리한다.

5. 밥을 올린다

밥을 달걀물 가운데 부분에 럭비공모양으로 넣고 다듬는다.

다음 페이지로 →

6. 달걀로 밥을 감싼다

손잡이 쪽에서

뒤쪽에서

프라이팬을 기울여 달걀과 밥을 프라이팬 가장자리에 미끄러지게 한 다음, 그 경사를 이용하여 손잡이쪽과 뒤쪽 달걀을 접어서 밥을 감싼다.

7. 뒤집어서 접시에 담는다

오므라이스를 프라이팬 가장자리에 대고, 흔들면서 주걱으로 뒤집는다.

주걱은 달걀 아래 되도록 깊숙이

주걱으로 전체 모양을 정리한다.

달걀의 이음매가 아래를 향하도록, 주걱을 이용하여 접시에 미끄러뜨린다.

＼ 완성! ／

케첩을 뿌리면 완성!

ADVICE

뒤집기를 못하는 사람은

프라이팬 가장자리를 이용하여 모양을 잡는다.

프라이팬을 접시에 대고 기울이면서 접시에 담는다.

랩을 씌우고 손으로 모양을 정리한다.

─ IH 를 사용하면? ─

4 에서 프라이팬을 흔들지 않는다

IH로 만들 때도 기본적인 방법은 같다. 다만 열이 약하므로, 프라이팬을 흔들지 않는다.

만드는 방법을 진짜 다 알려준다!

② 스크램블 오므라이스 [가스 레인지]

반숙달걀을 밥 위에 스르륵

오므라이스에 처음 도전한다면「스크램블 오므라이스」
를 추천한다. 클래식 오므라이스와 동일한 방법으로 반
숙달걀을 만든 다음, 밥을 감싸지 않고 밥 위에 그대로 올
린다. 안팎이 바뀐 오므라이스랄까? 소스와 달걀의 궁합
이 최고다!

POINT

- 프라이팬은 예열해 둔다.
- 달걀물을 넣은 다음 프라이팬을 흔든다.
- 흠집이 없는 프라이팬을 쓴다.

1. 밥을 접시에 담고 모양을 정리한다

【 **재료** 】 1개 분량

달걀물	140g
밥	150~300g
버터	5g

주걱으로 프라이팬의
지름보다 작게, 밥공
기를 엎은 모양으로
정리한다.

2. 프라이팬을 가열한다

프라이팬을 중불로 예열한다.

3. 버터를 넣는다

버터를 프라이팬에 조금 넣었을 때 소리가 나면 예열이 잘된 OK 사인이다. 해당 분량의 버터를 넣고 프라이팬 전체에 골고루 두른다.

4. 달걀물을 넣는다

버터가 타기 전에 프라이팬 가운데로 달걀물을 단번에 흘려넣는다.

5. 달걀물을 휘젓는다

조리용 젓가락의 간격을 5㎝ 정도 벌려서, 프라이팬 옆면에 묻은 달걀을 긁어내듯이 섞는 것이 요령이다. 이때 많이 섞어서 달걀물 속에 공기를 넣어야 식감이 몽글몽글해진다.

프라이팬을 앞뒤로 흔들어준다!

다음 페이지로 →

5. 에 이어서 달걀을 휘젓는다

달걀이 더 몽글몽글해져서 반숙 스크램블드 에그상태가 되면, 휘젓기를 멈춘다.

옆면에 붙은 달걀을, 조리용 젓가락을 이용하여 안쪽으로 넣는다. 이렇게 하면 달걀이 프라이팬에서 쉽게 떨어진다.

흔들기를 멈추고 5초 정도 기다리면, 달걀 아랫면이 익어 프라이팬에서 쉽게 떨어진다.

6. 밥에 올린다

밥에 올리기 쉽게 프라이
팬을 한쪽으로 기울여 달
걀이 미끄러지게 한다.

반숙상태의 표면이 위로
가게 그대로 밥 위에 미
끄러뜨리듯이 올린다.

완성!

표면이 반숙인, 감싸지
않는 오므라이스 완성!
원하는 소스를 뿌린다.

만드는 방법을 진짜 다 알려준다!

❸ 스크램블 오므라이스 IH

프라이팬 바닥을 밀착시켜서

IH는 프라이팬을 레인지에 밀착시켜야 열이 전달된다. 그래서 프라이팬을 들지 않고 조리하는 것이 포인트. 또한 열전달이 좋지 않으므로, 마지막에 불을 끈 다음 10초 정도 그대로 두어서 남은 열로 속까지 익힌다.

POINT

- 예열을 충분히 해둔다.
- 프라이팬을 띄우지 않는다.
- 온도는 중간 온도로.

1. 밥을 접시에 담고 모양을 정리한다

【 **재료** 】 1개 분량

달걀물	140g
밥	150~300g
버터	5g

밥을 그릇에 담고, 주걱으로 모양을 둥글게 정리한다.

2. 프라이팬을 중불로 예열한다

프라이팬을 중불로 예열한다. 버터를 프라이팬에 조금 넣었을 때 소리가 나면 예열이 잘된 OK 사인이다. 해당 분량의 버터를 넣고 프라이팬 전체에 골고루 두른다.

3. 달걀물을 넣는다

버터가 반쯤 녹으면 달걀물을 흘려넣는다.

4. 달걀물을 휘저으면서 덩어리지게 한다

조리용 젓가락으로 가장 자리의 달걀물을 안쪽으로 넣어가면서, 전체를 골고루 섞는다.

> 프라이팬은 흔들지 않는다!

조리용 젓가락으로 옆면에 붙은 달걀물을 안쪽으로 넣는다.

달걀물이 조금 남은 상태에서, 조리용 젓가락으로 휘젓기를 멈춘다.

5. 밥에 올린다

휘젓기를 멈추고 10초 정도 기다리면, 달걀 아랫면이 익어 프라이팬에서 쉽게 떨어진다. 미끄러뜨리듯이 밥 위에 올린다.

\ 완성! /

스크램블 오므라이스 완성!
원하는 소스를 뿌린다.

만드는 방법을 진짜 다 알려준다!

④ 회오리 오므라이스

포토제닉 No.1!

회오리 오므라이스는 달걀에 주름을 만들어 밥 위에 올린다. 한국에서는 회오리 오므라이스로 소개되어 입소문을 탔는데, 원래 스커트의 주름을 표현한 것으로 사이타마현 레스토랑에서 개발한 메뉴다. 어려워 보이지만, 몇 번 연습하면 금방 요령을 터득할 수 있다!

POINT
- 달걀물은 거른다.
- 프라이팬을 돌린다.
- 식용유를 사용한다.

【 재료 】 1개 분량

달걀물	18cm 프라이팬 ⋯⋯⋯⋯⋯⋯⋯⋯	80g
	19cm 프라이팬 ⋯⋯⋯⋯⋯⋯⋯⋯	90g
	20cm 프라이팬 ⋯⋯⋯⋯⋯⋯⋯⋯	100g
밥	⋯⋯⋯⋯⋯⋯⋯⋯⋯⋯⋯⋯⋯⋯⋯	150g
식용유	⋯⋯⋯⋯⋯⋯⋯⋯⋯⋯⋯⋯⋯	1큰술

달걀물은 정확히 계량할 것!
→ 자세한 내용은 p.17

1. 밥을 접시에 담고 모양을 정리한다

밥공기를 엎은 모양으로 정리한다. 봉긋하게 담아야 완성한 모습이 보기 좋다.

2. 프라이팬을 예열한다

프라이팬을 중불에 올린다. 프라이팬 전체를 충분히 예열하는 것이 성공 비결!

3. 식용유를 넣는다

버터보다 식용유가 잘 미끄러지므로 성공하기 쉽다.

4. 달걀물을 넣는다

조리용 젓가락 끝에 달걀물을 묻혀서, 식용유에 대었을 때 소리가 나면 예열 OK. 프라이팬 가운데로 달걀물을 단번에 흘려넣는다.

5. 달걀물에 조리용 젓가락을 넣어 모양을 만든다

이쯤에서 프라이팬을 돌린다!

5초 정도 기다리면 달걀 막이 생기기 시작한다. 조리용 젓가락을 벌려서 프라이팬 가장자리에서 가운데로 끌어모은다. 젓 가락 간격을 약 2㎝ 벌리 면 보기 좋게 완성.

젓가락 간격을 2㎝로 고정시킨 채 프라 이팬을 돌린다. 달걀물이 남지 않을 때 까지 돌린다. 천천히 돌리는 것이 요령 이다.

6. 밥에 올린다

찢어지지 않도록 젓가락은 1쪽씩 빼낸다!

IH 는?

동일한 방법으로!

조리용 젓가락을 고정시킨 채, 밥 위에 달걀을 미끄러 뜨리듯이 올리고 젓가락을 빼낸다.

＼ 완성! ／

주름 위로 반숙달걀 이 미끄러져 내린다!

만드는 방법을 진짜 다 알려준다!

5 담뽀뽀 오므라이스 【가스 레인지】

폭신폭신하고 몽글몽글한 달걀이 흘러내린다

담뽀뽀 오므라이스는 속이 반숙상태인 오믈렛을 밥 위에 올리고, 한가운데를 갈라서 먹는다. 칼을 넣는 순간 폭신하고 몽글몽글한 달걀이 흘러내리도록, 겉면은 되도록 얇은 막으로 만들고 속은 너무 익히지 않는 것이 포인트.

POINT
· 달걀물은 아끼지 않고 넉넉하게.
· 버터와 식용유를 사용한다.
· 완성하면 잘 드는 칼로 즉시 가른다.

1. 밥을 틀에 넣고 모양을 정리한다

240g 틀에 220g

【재료】 1개 분량

달걀물	18cm 프라이팬	140g
	19cm 프라이팬	160g
	20cm 프라이팬	190g
밥		220g
식용유		1작은술
버터		5g

틀이 없을 때는 주걱으로 정리한다.

2. 칼을 준비한다

틀에 넣은 밥을 접시에 올리고, 모양을 정리한다. 240g 틀에 220g이 기준이다.

오믈렛을 가를 칼을 접시 옆에 준비한다.

3. 프라이팬을 예열한다

프라이팬을 중불로 예열한다.

4. 식용유를 넣는다

식용유를 넣으면 버터가 잘 타지 않고, 달걀이 프라이팬에서 쉽게 떨어진다.

요리용 젓가락 끝에 달걀물을 묻혀서, 식용유에 대었을 때 소리가 나면 예열이 잘된 OK 사인이다.

5. 버터를 더한다

감칠맛과 풍미를 내기 위해 버터를 넣는다.

6. 달걀물을 넣는다

달걀물을 프라이팬에 흘려넣는다.

다음 페이지로 ➡

7. 가열하면서 휘젓는다

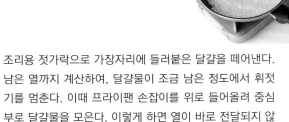

달걀물을 조리용 젓가락으로 휘저으면서 반숙상태를 만든다. 익숙한 사람은 중불로, 초보자는 약불로 해도 좋다.

조리용 젓가락으로 가장자리에 들러붙은 달걀을 떼어낸다. 남은 열까지 계산하여, 달걀물이 조금 남은 정도에서 휘젓기를 멈춘다. 이때 프라이팬 손잡이를 위로 들어올려 중심부로 달걀물을 모은다. 이렇게 하면 열이 바로 전달되지 않아 반숙상태로 완성하기 쉽다.

8. 주걱으로 바꾸어 모양을 정리한다

프라이팬을 기울여서!

가장자리가 쉽게 떨어지면

달걀이 찢어지지 않도록, 조리용 젓가락을 주걱으로 바꾼다. 프라이팬을 기울이면서 손잡이쪽 달걀을 안쪽으로 접는다.

9. 달걀을 접는다

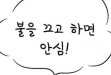

불을 끄고 하면 안심!

안쪽으로 접는 것이 요령. 접은 다음 주걱을 가장자리에 밀어 넣어, 달걀을 조금 안쪽으로 접어 넣는다. 이때 익지 않은 달걀물이 프라이팬에 묻으면 달걀이 미끄러지지 않아, 다음 과정인 프라이팬을 치면서 모양 잡기가 어려워진다.

10. 손목을 이용하여 프라이팬을 친다

왼손으로 프라이팬을 기울이고, 손잡이 부분에 오른손을 놓는다. 오른손을 거의 움직이지 않고, 왼손을 아래위로 5㎝ 정도 툭툭 움직인다. 달걀 이음매가 위로 오게 한다.

11. 달걀을 뒤집는다

주걱을 되도록 달걀 아래로 깊이 넣는다. 그대로 프라이팬을 위로 10㎝ 정도 흔들면서, 동시에 주걱을 손잡이 쪽으로 움직여 달걀을 뒤집는다. 그 다음 5초 정도 구우면 이음매가 깔끔하게 붙는다.

12. 밥 위에 올린다

이음매가 아래로 오게 오믈렛을 올린다.

\ 완성! /

갈라주면!

남은 열로 달걀이 더 익기 전에 즉시 칼로 가운데를 가른다. 원하는 소스를 곁들인다.

PART1

만드는 방법을 진짜 다 알려준다!

⑥ 담뽀뽀 오므라이스

프라이팬 모양이 포인트

IH에서 프라이팬으로 오므라이스 만들기는, 초보자에게 난이도가 조금 높다. 그래서 가스레인지를 추천하는데, IH도 요령만 익히면 잘 만들 수 있다. 달걀상태를 잘 살피면서 만들어야 한다.

POINT

· 달걀물은 아끼지 않고 넉넉하게.
· 예열은 충분히.
· 달걀이 덩어리진 정도를 잘 살핀다.

1. 밥을 틀에 넣고 모양을 정리한다

틀에 넣은 밥을 접시에 올리고, 모양을 정리한다. 틀이 없으면 주걱으로 정리해도 좋다.

【 재료 】 1개 분량

달걀물	18cm 프라이팬 ·························	140g
	19cm 프라이팬 ·························	160g
	20cm 프라이팬 ·························	190g
밥	·······························	220g
식용유	·····························	1작은술
버터	·······························	5g

3. 프라이팬을 예열하고 식용유를 넣는다

IH용 프라이팬을 준비하여, 중불로 예열한 다음 식용유를 넣는다.

2. 칼을 준비한다

즉시 가를 수 있도록 칼을 준비한다.

4. 버터를 넣는다

요리용 젓가락 끝에 달걀물을 묻혀서, 식용유에 대었을 때 소리가 나면 예열 OK. 버터를 넣는다.

5. 달걀물을 넣는다

프라이팬 가운데로 달걀물을 흘려넣는다.

6. 가열하면서 휘젓는다

프라이팬은
흔들지 않는다!

조리용 젓가락으로 큰
원을 그리면서 섞는다.
달걀물이 조금 남은 상
태에서 젓가락 휘젓기
를 멈춘다.

7. 주걱으로 바꾸어, 달걀을 반으로 접고 모양을 정리한다

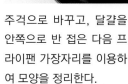

주걱으로 바꾸고, 달걀을
안쪽으로 반 접은 다음 프
라이팬 가장자리를 이용하
여 모양을 정리한다.

8. 10초 동안 굽는다

주걱을 달걀 아래로
밀어 넣고 뒤집는다.
굴리듯이 뒤집으면,
보기 좋게 이음매가
아래로 간다. 10초
동안 가열한다.

9. 밥 위에 올린다

이음매가 아래로 오게 밥 위에 미끄러뜨리듯이 올린다.

＼ 완성! ／

칼로 가르고, 원
하는 소스를 뿌
린다.

오므라이스 만들기에 실패했다면, 원인은 이 **4**가지

1 프라이팬 가공이 벗겨졌다

오므라이스를 만들 때는 프라이팬이 아주 중요하다. 스크램블드에그가 되어 버리는 원인은 대부분 프라이팬의 불소수지 가공이 벗겨져서다. 프라이팬은 소모품이라 생각하고, 가공이 벗겨진 프라이팬은 즉시 새것으로 교체해야 한다.

또한 오므라이스 전용 프라이팬을 준비해 놓을 것을 강력 추천한다. 달걀은 매우 섬세하게 다루어야 하는 재료이기에, 프라이팬 표면에 조금이라도 흠집이 있으면 바로 쉽게 달라붙는다. 다양한 음식 조리에 사용하다 보면, 모르는 사이에 작은 흠집이 늘어나 수명이 짧아진다. 참고로 오므라이스 전용이면 1,500번은 쓸 수 있다.

2 제대로 예열하지 않았다

예열(프라이팬을 데우는 작업)을 제대로 하지 않아도 달걀물이 쉽게 달라붙는다. 반대로 예열이 지나치면 불소수지 가공이 바로 벗겨질 수 있으므로 주의가 필요하다. 이런 이유로 예열온도는 세심하게 확인해야 한다. 예열이 충분하면, 데운 프라이팬에 달걀물을 조금 넣었을 때 소리가 난다.

3 프라이팬이 너무 크다

프라이팬의 지름은 18~20㎝가 적절하다. 프라이팬이 크면 달걀의 양이 많아야 몽글몽글한 식감을 낼 수 있다. 또한 프라이팬이 크면, 전체를 예열하기 어려워져 달걀물이 달라붙는 원인이 된다. 반대로 프라이팬이 작으면, 달걀을 적게 넣어야 도톰하면서 몽글몽글하게 완성할 수 있다.

4 달걀물의 양이 알맞지 않다

달걀의 양은 프라이팬 크기에 따라 달라져야 한다. 조금 번거로울 수도 있지만, 양을 알맞게 맞추지 않으면 실패한다. 달걀물의 양이 적으면 달걀이 지나치게 얇아지고, 반대로 양이 너무 많으면 쉽게 찢어진다.

PART2

기억해 두면 좋은
기본의 응용

가장 대중적인 케첩라이스 오므라이스를 베이스로,
밥과 소스에 변화를 준다.
크림 소스, 치즈 소스, 일본풍, 경양식 소스 등
다채로운 소스도 소개한다!

PART2

오므라이스의 속은?

밥의 응용

3 가지 기본버전을 활용한다

오므라이스라고 하면 보통 케첩라이스를 떠올리지만, 이 책에서는 다양한 소스에 어울리는 3가지 응용버전을 소개한다. 궁합이 맞는 소스 외에도, 자신만의 조합을 찾아서 즐겨 보자!

케 첩 라 이 스

우선 기본부터! 토마토의 새콤함과 감칠맛이 악센트인 기본버전.

【재료】 1인분

흰쌀밥	160g (따뜻한)
닭고기(다짐육 또는 한입크기로 썬 닭다릿살)	20g
베이컨(굵게 다진)	20g
양파(다진)	50g
마늘(다진)	1/2쪽
케첩	1큰술
우스터소스	1작은술
콩소메(과립)	1꼬집
소금	1꼬집
검은 후추	1꼬집
식용유	1큰술

【만드는 방법】

1. 프라이팬에 기름을 넣어 가열하고 마늘, 베이컨을 약불로 볶는다.
2. 마늘에 살짝 갈색이 들면 양파를 넣고 볶는다. 양파가 숨이 죽으면 닭고기를 넣고 볶는다.
3. 닭고기가 익으면, 케첩과 우스터소스를 넣고 섞으면서 케첩의 신맛을 날린다.
4. 밥, 콩소메, 소금, 검은 후추를 넣고 섞는다.

POINT

밥을 넣은 다음 단시간에 완성하면, 수분이 나오지 않아 질척거리지 않는다.

잘 어울리는 오므라이스 소스는

• 소고기 레드와인 소스＋오므라이스
• 새우 토마토 크림 소스＋오므라이스
• 산뜻한 일본풍 양카케＋오므라이스

버 터 라 이 스

밥만 먹어도 맛있다! 버터의 풍미와 후추의
향이 어우러진 성숙한 맛.

【 재료 】 1인분

흰쌀밥	200g(따뜻한)
베이컨(굵게 다진)	20g
마늘(다진)	1쪽
파슬리(다진)	1작은술
소금	1꼬집
검은 후추	1꼬집
간장	1/2작은술
버터	15g

【 만드는 방법 】

1. 프라이팬에 버터를 넣어 녹이고 마늘, 베이컨을 약
불로 볶는다.

2. 마늘에 살짝 색이 들면 밥을 넣고 섞는다.

3. 파슬리, 소금, 검은 후추, 간장을 넣고 볶는다.

POINT

간장은 밥에 직접 붓지 않고 프라이팬에 부으
면 풍미가 배가된다.

잘 어울리는 오므라이스 소스는

- 연어 크림 소스＋오므라이스
- 참치와 만가닥버섯 일본풍 소스＋오므라이스
- 새우 토마토 크림 소스＋오므라이스

흰 쌀 밥

소스와 달걀의 맛을 즐길 수 있는 흰쌀밥.
밥 준비시간을 줄이고 싶을 때도 추천.

잘 어울리는 오므라이스 소스는

- 하이라이스 소스＋오므라이스
- 따뜻한 카레 도리아 소스＋오므라이스
- 매콤 다진 고기 소스＋오므라이스

홈메이드 케첩으로 만드는
케 첩 라 이 스

이왕이면 케첩도 직접 만들고 싶다면,
비장의 홈메이드 케첩에 도전하자!

잘 어울리는 오므라이스 소스는

- 시라스 듬뿍 일본풍 소스＋오므라이스
- 녹진한 치즈 소스＋오므라이스

홈메이드 케첩 만드는 방법은, 다음 페이지 p.44

채소의 감칠맛을 진하게 농축한

홈메이드 케첩 만드는 방법

냉동해서
약 1달 동안
보관 가능!

깊은 풍미에
영양만점!
홈메이드
케첩을
만들어 보자!

채소의 맛이 진하게 농축된 홈메이드 케첩은, 시판 케
첩과 전혀 다른 맛이 난다. 케첩라이스를 만들 때는 밥
200g에 홈메이드 케첩 40g이 기준이다. 채소가 듬뿍
들어 있어서, 밥과 케첩만 볶아도 부족함이 없는 맛이
다. 소금, 후추로 간을 한다.

【재료】 케첩라이스 약 10인분

토마토(다이스드) ································· 1캔(약 400g)
피망(마구썰기한) ································· 30g
양파(결에 수직으로 얇게 썬) ··················· 60g
당근(얇게 썬) ···································· 50g
마늘(다진) ······································· 2쪽

A ⎡ 화이트와인 ································· 1큰술
  │ 우스터소스 ································· 1큰술
  └ 머스터드 ·································· 1작은술

B ⎡ 설탕 ···································· 1큰술
  │ 검은 후추 ································· 1꼬집
  │ 콩소메(과립) ······························ 1작은술
  └ 소금 ···································· 1작은술

식용유 ··· 2큰술

【만드는 방법】

1. 믹서에 토마토, 피망, 양파, 당근을 넣고 부드럽게 간다.

2. 프라이팬에 식용유와 마늘을 넣고, 약불로 볶다가 마늘에 살짝 색이 들면 **1**을 넣는다. **A**를 넣고 약불로 약 15분 졸인다.

3. **B**를 넣고 한소끔 끓이면 완성.

POINT

졸일 때는 눌어붙지 않도록 섞어주면서!

오므라이스 모양
클 스 회 담

어울리는 밥
케 버 흰

기본 중의 기본

간단 케첩 오므라이스

【재료】 1인분

케첩 소스

케첩 ······	4큰술
물 ······	4큰술
소금 ······	1꼬집
검은 후추 ······	1꼬집
A ⌈ 버터 ······	10g
⌊ 생크림 ······	1작은술

【만드는 방법】

1. 프라이팬에 케첩, 물, 소금, 후추를 넣고 불에 올려, 한소끔 끓인다.
2. 생크림 정도의 농도까지 졸인 다음 A를 넣고 잘 섞는다.

마무리
케첩라이스로 클래식 오므라이스를 만들고, 케첩 소스를 뿌린다.

POINT

케첩은 졸이면 신맛이 날아가고 감칠맛이 UP! 시간이 없을 때 추천한다!

오므라이스 모양

| 클 | 스 | 회 | 담 |

어울리는 밥

| 케 | 버 | 흰 |

우스터소스가 맛의 비밀
레드와인 소스 오므라이스

【재료】 1인분

레드와인 소스

레드와인 ···	80㎖
케첩 ···	2큰술
우스터소스 ···	1큰술
물 ···	1큰술
검은 후추 ···	적당량
생크림(마무리용) ·······································	적당량

【만드는 방법】

1. 프라이팬에 레드와인을 넣고 불에 올려, 약 3분 졸인다.
2. 졸인 다음 케첩, 우스터소스, 물, 후추를 넣고 신맛을 날린다.
3. 생크림 정도의 농도까지 다시 졸인다.

마무리
케첩라이스로 회오리 오므라이스를 만들고, 레드와인 소스를 뿌린 다음 생크림을 얹는다.

오므라이스 모양

| 클 | | 회 | 담 |

어울리는 밥

| 케 | 버 | 흰 |

바로 추억의 경양식 맛 그대로!

하이라이스 소스 오므라이스

【재료】 1인분

하이라이스 소스

| 소고기(잘게 썬) | 50g |
| 양파(결대로 두께 0.5cm로 썬) | 1/4개 |

A	데미그라스 소스	100g
	토마토 페이스트	30g
	케첩	1작은술
	간장	1/2작은술
	맛술	1작은술
	물	50㎖
	설탕	2작은술

소금	2꼬집
검은 후추	적당량
버터	10g
식용유	1작은술
생크림(마무리용)	적당량

【만드는 방법】

1. 프라이팬에 식용유를 넣어 가열하고, 소고기를 굽는다. 소고기가 익으면 양파를 넣고 볶는다.
2. 양파가 반투명해지면 A를 넣고 끓인다. 소금, 후추로 간을 하고 버터를 넣는다.

마무리
흰쌀밥으로 스크램블 오므라이스를 만들고, 하이라이스 소스를 뿌린 다음 생크림을 얹는다.

오므라이스 모양				어울리는 밥			
클	스	회	담	케	버	흰	

토마토의 신맛이 입맛을 자극한다
감칠맛 나는
데미그라스 소스 오므라이스

【재료】 1인분

데미그라스 소스

양파(결대로 얇게 썬)	1/4개(50g)
베이컨(폭 5㎜로 썬)	20g
마늘(다진)	1쪽

A		
	데미그라스 소스	70g
	토마토(캔/다이스드)	70g
	케첩	2큰술
	레드와인	2큰술
	우스터소스	1작은술
	물	50㎖
	콩소메(과립)	1/2작은술
	월계수잎	1장
	설탕	2작은술
	소금	조금
	검은 후추	조금

버터	10g

【만드는 방법】

1. 프라이팬에 버터를 녹이고 베이컨, 마늘을 넣어 약불로 볶는다.

2. 마늘에 살짝 색이 들면 양파를 넣고 볶는다.

3. 양파가 숨이 죽으면 A를 넣고, 약불로 약 10분 졸인다.

마무리
케첩라이스로 담뽀뽀 오므라이스를 만들고, 데미그라스 소스를 두른다.

오므라이스 모양

| 클 | 스 | 회 | 담 |

어울리는 밥

| 케 | 버 | 흰 |

토마토 × 크림 = 최고의 궁합

신맛을 살린
토마토 크림 오므라이스

【재료】 1인분

토마토 크림 소스

베이컨(폭 5㎜로 썬)	20g
양파(다진)	1/4개(40g)
마늘(다진)	1쪽
토마토(캔 / 다이스드)	100g
물	100㎖
우유	50㎖
콩소메(과립)	1/2작은술
바질(건조)	1꼬집
소금	적당량
검은 후추	1꼬집
박력분	2작은술
버터	10g

【만드는 방법】

1. 프라이팬에 버터, 마늘, 베이컨을 넣고 불에 올린다. 마늘에 살짝 색이 들면 양파를 넣고 볶는다.

2. 양파가 연한 갈색이 되면, 박력분을 넣고 함께 볶다가 토마토, 물, 우유를 조금씩 첨가하면서 뭉친 박력분을 풀어준다.

3. 콩소메, 소금 1꼬집, 후추, 바질을 넣고 약불로 약 15분 졸인다.

4. 소금으로 간을 한다.

마무리
케첩라이스로 스크램블 오므라이스를 만들고, 토마토 크림 소스를 가장자리에 담는다.

POINT

화력에 따라 수분량이 달라지므로, 생크림 정도의 농도가 되도록 물로 조절한다!

오므라이스 모양

 클   스   회   담

어울리는 밥

케   버   흰

무적의 조합!
명란 크림 오므라이스

【 재료 】 1인분

명란 크림 소스

명란(껍질 제거) ·· 40g

버터 ··· 15g

생크림 ·· 70g

물 ··· 50㎖

다시노모토 ··· 1g

간장 ··· 2방울

【 만드는 방법 】

1. 프라이팬에 명란을 제외한 재료를 모두 넣어 섞은 다음, 끓인다.
2. 명란을 넣어 골고루 섞고, 한소끔 끓인다.

마무리

버터라이스로 클래식 오므라이스를 만들고, 명란 크림 소스를 뿌린다.

오므라이스 모양						어울리는 밥			
클	스	회	담			케	버	흰	

영양 밸런스도 GOOD!

베이컨과 시금치 크림 오므라이스

【재료】 1인분

베이컨과 시금치 크림 소스

베이컨(폭 1㎝로 썬)	30g
시금치	100g
양파(다진)	1/8개(20g)
마늘(다진)	1/2쪽
우유	75㎖
물	75㎖
콩소메(과립)	1/2작은술
소금	1꼬집
검은 후추	1꼬집
박력분	2작은술
버터	10g

【밑준비】

1. 시금치는 밑동을 잘라내고, 물을 넣은 볼에 자른 부위를 씻는다. 그 다음 잎쪽과 줄기쪽을 잘라 나눈다.
2. 냄비에 0.5% 농도의 소금물(물 1ℓ에 소금 5g)을 끓이고 줄기부터 데친다. 30초 후에 잎을 넣는다.
3. 1분 후 꺼내어, 찬물에 담갔다가 짜놓는다.

【만드는 방법】

1. 프라이팬에 버터, 마늘, 베이컨을 넣고 불에 올린다. 마늘에 살짝 색이 들면 양파를 넣고 볶는다.
2. 양파가 반투명해지면 박력분을 넣고 함께 볶는다. 우유, 물을 조금씩 첨가하면서 뭉친 박력분을 풀어 준다.
3. 콩소메, 소금, 후추를 넣고 시금치를 더한 다음 약불로 약 1분 졸인다.
4. 소금(분량 외)으로 간을 한다.

마무리
버터라이스로 스크램블 오므라이스를 만들고, 베이컨과 시금치 크림 소스를 끼얹는다.

POINT

시금치를 데칠 때는 선명한 녹색을 내기 위해 소금을 넣는다!

오므라이스 모양

클　스　회　**담**

어울리는 밥

케　**버**　흰

어른부터 아이까지 인기 폭발!

연어 크림 오므라이스

【 재료 】 1인분

연어 크림 소스

연어(잘게 썬)	80g
베이컨(폭 5mm로 썬)	20g
양파(다진)	1/8개(20g)
마늘(다진)	1/2쪽
화이트와인	30㎖
우유	75㎖
물	75㎖
콩소메(과립)	1/2작은술
소금	조금
검은 후추	조금
박력분	2작은술
버터	10g

【 만드는 방법 】

1. 프라이팬에 버터, 마늘을 넣고 불에 올린다. 마늘에 살짝 색이 들면 연어, 베이컨, 양파를 넣고 볶는다.

2. 연어가 익으면 박력분을 넣고 볶다가, 화이트와인을 더하여 함께 볶는다.

3. 화이트와인의 수분이 없어지면 우유, 물을 조금씩 넣으면서 뭉친 박력분을 풀어준다.

4. 콩소메, 소금, 후추를 넣고 약 1분 가열한다.

마무리

버터라이스로 담뽀뽀 오므라이스를 만들고, 연어 크림 소스를 끼얹는다.

오므라이스 모양				어울리는 밥			
클	스	회	담	케	버	흰	

바지락×버섯 = 감칠맛이 2배!

바지락과 버섯 크림 오므라이스

【재료】 1인분

바지락과 버섯 크림 소스

바지락살	10g
베이컨(폭 5mm로 썬)	20g
만가닥버섯(밑동을 잘라내고 작은 송이로 나눈)	20g
양파(결에 수직으로 얇게 썬)	40g
데미그라스 소스	10g
마늘(다진)	1/2쪽
우유	70㎖
물	100㎖
콩소메(과립)	1/2작은술
소금	1꼬집
검은 후추	1꼬집
박력분	2작은술
버터	10g

【만드는 방법】

1. 프라이팬에 버터, 마늘을 넣고 불에 올린다. 마늘에 살짝 색이 들면 바지락살, 베이컨, 만가닥버섯, 양파를 넣고 볶는다.
2. 양파가 연한 갈색이 되면 박력분을 넣고 약 1분 함께 볶는다. 우유, 물을 조금씩 넣으면서 뭉친 박력분을 풀어준다.
3. 데미그라스 소스, 콩소메, 소금을 넣어 한소끔 끓이고, 불을 끈다.

마무리
케첩라이스로 회오리 오므라이스를 만들고, 바지락과 버섯 크림 소스를 가장자리에 두른다.

오므라이스 모양	어울리는 밥
클 스 회 **담**	**케** 버 흰

새우로 토마토 크림을 한층 고급스럽게!

새우 토마토 크림 오므라이스

【 재료 】 1인분

새우 토마토 크림 소스

새우(껍질 벗긴) ····················	3마리
양파(다진) ·························	30g
마늘(다진) ·························	1쪽
화이트와인 ·························	1큰술

A	토마토(캔 / 다이스드) ·······	75g
	우유 ·······················	75㎖
	물 ·························	75㎖

콩소메(과립) ······················	1/2작은술
소금 ····························	조금
검은 후추 ·························	조금
박력분 ···························	2작은술
버터 ····························	10g

【 만드는 방법 】

1. 프라이팬에 버터, 마늘을 넣고 불에 올린다. 마늘에 살짝 색이 들면 양파를 넣고 볶는다.

2. 양파가 투명해지면, 박력분을 넣고 약 1분 함께 볶는다.

3. 화이트와인을 넣고 수분이 없어지면, **A**를 조금씩 넣으면서 뭉친 박력분을 풀어준다. 이어 새우, 콩소메, 소금, 후추를 넣고 약불로 약 15분 졸인다.

마무리

케첩라이스로 담뽀뽀 오므라이스를 만들고, 새우 토마토 크림 소스를 끼얹는다.

POINT

감칠맛이 우러나도록, 새우 머리는 떼지 않고 사용!

오므라이스 모양				어울리는 밥			
클	스	회	담	케	버	흰

오므라이스를 일본풍으로!

산뜻한 일본풍 앙카케 오므라이스

【 재료 】 1인분

일본풍 앙카케

게살(또는 게맛살) ·················	30g

A
물 ·················	130㎖
다시노모토 ·················	1g
콩소메(과립) ·················	1/2작은술
맛술 ·················	1큰술
간장 ·················	1작은술

물녹말
녹말가루 ·················	5g
물 ·················	20㎖

대파(흰 부분을 채썬) ·················	5㎝ 분량
참기름 ·················	1작은술

【 만드는 방법 】

1. 프라이팬에 게살, **A**를 넣고 끓인다.
2. 불을 끄고 물녹말을 조금씩 둘러 넣는다. 불을 켜고 재빨리 섞어 걸쭉하게 만든다.

마무리

케첩라이스로 스크램블 오므라이스를 만들어, 일본풍 앙카케를 끼얹고 대파를 올린 다음 참기름을 뿌린다.

POINT

녹말은 불을 끄고, 물에 녹인 상태로 넣어야 덩어리지지 않는다.

오므라이스 모양				어울리는 밥		
클	스	회	**담**	케	**버**	흰

의외의 조합이 절묘!
참치와 만가닥버섯 일본풍 오므라이스

【재료】 1인분

참치와 만가닥버섯 일본풍 앙카케

만가닥버섯(밑동을 잘라내고 작은 송이로 나눈) ··· 30g

참치(캔 / 기름 제거) ····························· 1캔(80g)

A ┌ 물 ································· 130㎖
    │ 다시노모토 ···················· 1g
    └ 간장 ···························· 1작은술

물녹말 ┌ 녹말가루 ················· 5g
        └ 물 ······················ 20㎖

참기름 ···································· 1작은술

김(잘게 자른) ························ 적당량

【만드는 방법】

1. 프라이팬에 참기름을 넣어 가열하고, 약불로 만가닥버섯을 볶는다.
2. 버섯이 익으면 참치를 넣는다.
3. 참치를 볶은 다음 **A**를 넣고 끓인다.
4. 불을 끄고 물녹말을 조금씩 둘러 넣는다. 불을 켜고, 재빨리 섞으면서 걸쭉하게 만든다.

마무리

버터라이스로 담뽀뽀 오므라이스를 만들고, 참치와 만가닥버섯 일본풍 앙카케를 끼얹는다. 취향에 따라 잘게 자른 김을 올린다.

PART2

오므라이스 모양

클	스	회	담

어울리는 밥

케	버	흰

참기름의 고소한 향이 악센트

시라스 듬뿍
일본풍 오므라이스

【재료】 1인분

시라스 일본풍 앙카케

시라스* ··· 30g

A
- 물 ··· 130㎖
- 간장 ··· 1작은술
- 청주 ··· 1큰술
- 고추(잘게 찢은) ······························ 적당량
- 참기름 ·· 1작은술

물녹말
- 녹말가루 ······································· 5g
- 물 ··· 20㎖

차조기잎(잘게 찢은) ································ 1장

* 멸치, 청어, 은어 등의 치어.

【만드는 방법】

1. 프라이팬에 시라스, **A**를 넣고 끓인다.
2. 불을 끄고 물녹말을 조금씩 둘러 넣는다. 불을 켜고 재빨리 섞으면서 걸쭉하게 만든다.

마무리

케첩라이스로 회오리 오므라이스를 만들고, 시라스 일본풍 앙카케를 뿌린 다음 차조기잎을 올린다.

오므라이스 모양				어울리는 밥			
클	스	회	담	케	버	흰	

「치즈」맛을 그대로 담았다!

녹진한 치즈 소스 오므라이스

【재료】 1인분

치즈 소스

믹스치즈	60g
마늘(슬라이스)	조금
우유	50㎖
물	50㎖
화이트와인	1작은술
콩소메(과립)	1/2작은술
박력분	1큰술
올리브오일	1큰술
검은 후추	적당량

【만드는 방법】

1. 프라이팬에 올리브오일과 마늘을 넣고 불에 올려, 약불로 볶는다. 마늘에 살짝 색이 들면 박력분을 넣고 약불로 약 1분 볶는다.

2. 화이트와인을 넣고 알코올을 날린 다음 우유, 물을 조금씩 넣으면서 뭉친 박력분을 풀어준다.

3. 콩소메, 치즈를 넣고 골고루 섞는다.

마무리

케첩라이스로 스크램블 오므라이스를 만들고, 치즈 소스를 끼얹는다. 취향에 따라 후추를 뿌린다.

오므라이스 모양

클 스 회 담

어울리는 밥

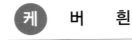 케 버 흰

진한 치즈 풍미에 빠지다!

진한 고르곤촐라 오므라이스

【재료】 1인분

고르곤촐라 소스

고르곤촐라치즈 ·················	30g
치즈가루 ·······················	1작은술
양파(다진) ·····················	20g
우유 ····························	100㎖
물 ······························	50㎖
박력분 ··························	2작은술
올리브오일 ·····················	1큰술

【만드는 방법】

1. 프라이팬에 올리브오일, 양파를 넣고 가열하여, 양파가 투명해질 때까지 볶는다.
2. 박력분을 넣고 약불로 약 1분 볶는다.
3. 우유, 물을 조금씩 넣으면서 뭉친 박력분을 풀어주고 끓기 전에 불을 끈다.
4. 고르곤촐라, 치즈가루를 넣고, 남은 열로 녹인다.

마무리
케첩라이스로 담뽀뽀 오므라이스를 만들고, 고르곤촐라 소스를 곁들인다.

오므라이스 모양

클 스 회 담

클래식 스타일의 달걀밥이 선사하는 의외의 맛!

클래식 미소 오므라이스

【 재료 】 1인분

달걀	2개

A
흰쌀밥	150g
소시지(한입크기로 썬)	1개
닭다릿살(한입크기로 썬)	20g
쪽파(길이 3cm로 썬)	8g
간장	1작은술
가츠오부시 가루	2꼬집

핫초미소 소스
핫초미소*(아카미소)	1작은술
물	1큰술
설탕	1꼬집
간장	조금
맛술	1작은술
생강(간)	조금

식용유	1작은술

* 아이치현 오카자키 지방의 특산물인 검붉고 짠 미소.

【 밑준비 】

핫초미소 소스 재료를 냄비에 넣고, 미소를 녹이면서 섞는다. 불을 켜고 한소끔 끓인다.

【 만드는 방법 】

1. 볼에 달걀을 넣고 푼다.
2. A를 넣고 골고루 섞는다.
3. 프라이팬을 가열하여 식용유를 두르고, **2**를 흘려 넣어 반숙 정도가 될 때까지 휘젓는다.
4. 클래식 오므라이스(p.22)와 같은 방법으로 모양을 정리한다.

마무리
그릇에 담고 핫초미소 소스를 곁들인다.

POINT

겉면이 바삭해질 때까지 굽는다! 마요네즈와의 궁합도 최고!

오므라이스 모양	어울리는 밥
클 스 회 **담**	**케** 버 흰

특별한 날에는 화려한 소스를!

비프 스트로가노프 오므라이스

【재료】 1인분

비프 스트로가노프* 소스

소고기(치마살)	100g
양파(결대로 썬)	1/4개(60g)
양송이(두께 5mm로 썬)	3개
마늘(다진)	1/2쪽
화이트와인	30㎖

A	플레인 요구르트	30g
	물	120㎖
	콩소메(과립)	1/2작은술

소금	적당량
코쇼(흑백혼합후추)	조금
검은 후추	조금
박력분	2작은술
버터	10g

* 볶은 쇠고기에, 러시아식 사워크림인 스메타나로 만든 소스를 곁들인 요리.

【만드는 방법】

1. 프라이팬에 버터를 넣어 녹이고, 마늘을 볶는다. 마늘에 살짝 색이 들면 양송이를 넣어 볶는다.
2. 소금, 코쇼를 뿌린 소고기를 넣고 볶다가, 소고기 색이 변하면 양파를 넣어 함께 볶는다.
3. 양파가 투명해지면 화이트와인을 넣고 알코올을 날린다.
4. 박력분을 넣고 약불로 약 1분 볶는다. A를 순서대로 넣어 섞고, 끓으면 소금, 후추로 간을 한다.

마무리
케첩라이스로 담뽀뽀 오므라이스를 만들고, 비프 스트로가노프 소스를 얹는다.

오므라이스 모양

클 회 담

어울리는 밥

케 버 흰

카레 × 치즈로 푸짐하게!

따뜻한 카레 도리아 오므라이스

【 재료 】 1인분

카레(시판제품 / 루) ·················	150g
가리비 ·····························	4개
새우 ······························	4마리
소시지(4등분) ······················	1개
소금 ······························	조금
코쇼(흑백혼합후추) ··················	조금
믹스치즈 ···························	40g
치즈가루 ···························	10g

【 만드는 방법 】

1. 가리비, 새우에 소금, 코쇼를 뿌린다.
2. 내열그릇에 흰쌀밥(150g)으로 만든 스크램블 오므라이스를 올리고, 카레 루를 개서 얹는다.
3. **2**의 가장자리에 가리비, 새우, 소시지를 두르고 믹스치즈, 치즈가루를 뿌린다.
4. 200℃로 예열한 오븐에 약 8분, 치즈가 노릇해질 때까지 굽는다.

POINT

카레는 오븐에 가열하면 감칠맛이 UP!

오므라이스 모양

| 클 | 스 | 회 | 담 |

어울리는 밥

| 케 | 버 | 흰 |

기분까지 따뜻해지는
크림 스튜 오므라이스

【재료】 1인분

크림 스튜

닭다릿살(작게 썬) ··· 100g

감자(작게 썬) ······································· 작은 것 1개

당근(은행잎모양으로 작게 썬) ························· 50g

양파(작게 썬) ·· 50g

화이트와인 ·· 1큰술

우유 ·· 150㎖

물 ·· 150㎖

콩소메(과립) ··· 1작은술

소금 ·· 적당량

코쇼(흑백혼합후추) ······································· 조금

검은 후추 ··· 1꼬집

박력분 ·· 1큰술

버터 ·· 10g

【만드는 방법】

1. 닭고기에 소금과 코쇼를 뿌린다.
2. 프라이팬에 버터를 넣어 가열한 다음, 닭고기를 굽다가 익으면 감자, 당근, 양파를 넣고 볶는다.
3. 양파가 반투명해지면 박력분을 넣고, 약불로 1분 볶는다. 화이트와인, 우유, 물을 조금씩 넣으면서 뭉친 박력분을 풀어준다. 콩소메를 넣고 약불로 약 10분 졸인다.
4. 소금, 후추로 간을 한다.

마무리

흰쌀밥으로 회오리 오므라이스를 만들고, 크림 스튜를 가장자리에 곁들인다.

오므라이스 모양

 클 스 회 담

어울리는 밥

케 버 흰

오므라이스를 그대로 도리아에!

따끈따끈
오므라이스 도리아

【 재료 】 1인분

바지락과 버섯 크림 소스(p.62)	150g
가리비	4개
새우	4마리
소시지(4등분)	1개
믹스치즈	40g
치즈가루	10g
소금	조금
코쇼(흑백혼합후추)	조금

【 만드는 방법 】

1. 가리비, 새우에 소금, 코쇼를 뿌린다.
2. 버터라이스(150g)로 클래식 오므라이스를 만든다. 내열그릇에 담고, 가장자리에 바지락과 버섯 크림 소스를 뿌린다.
3. 가리비, 새우, 소시지를 두르고 믹스치즈, 치즈가루를 뿌린다.
4. 200℃로 예열한 오븐에 약 8분, 치즈가 노릇해질 때까지 굽는다.

오므라이스에 안성맞춤!
입가심 반찬 & 피클

매콤함이 악센트
매콤 오이절임

【 재료 】 1인분

오이 ·························· 1개
소금 ·························· 조금

A ┌ 고추(둥글게 썬)
  │ ······· 1개~취향에 맞게
  │ 설탕 ········· 1작은술
  │ 간장 ········· 1작은술
  └ 참기름 ······· 1작은술

【 만드는 방법 】

1. 오이를 한입크기로 썰고, 소금으로 주물러 둔다.
2. 비닐백에 물기를 짜낸 오이, A를 넣고 잘 섞은 다음, 냉장고에 넣어 30분 절인다.

한꺼번에 만들어 두면 좋은
피클

【 재료 】 만들기 쉬운 분량

채소(토마토, 파프리카, 오이 등)
······························ 200g

절임액 ┌ 식초 ·········· 200㎖
       │ 물 ·············· 100㎖
       │ 설탕 ··········· 3큰술
       │ 소금 ········· 1작은술
       │ 검은 후추 ····· 1꼬집
       └ 월계수잎 ········ 1장

【 만드는 방법 】

1. 채소를 한입크기로 썬다.
2. 절임액 재료를 냄비에 넣고 끓인다.
3. 2가 식기 전에 1의 채소를 절인다.
4. 한 김 식으면 완성.

굴소스가
오므라이스와 만나다
숙주 굴소스 볶음

【 재료 】 만들기 쉬운 분량

숙주 ·························· 200g
마늘(다진) ················· 1/2쪽
참기름 ·················· 1작은술

A ┌ 굴소스 ·········· 1큰술
  └ 코쇼(흑백혼합후추) 조금

【 만드는 방법 】

1. 프라이팬에 참기름을 둘러 가열하고, 마늘을 볶는다.
2. 마늘에 살짝 색이 들면 숙주를 넣고 A로 간을 한다.
3. 숙주가 익으면 완성.

중독적인 조합
피망 참치 무침

【 재료 】 만들기 쉬운 분량

피망	100g
참치	1캔(80g)
콩소메(과립)	1꼬집
간장	1큰술
청주	1큰술
소금	1꼬집
검은 후추	1꼬집
참기름	1작은술

【 만드는 방법 】

1. 피망은 세로로 가운데를 갈라, 씨를 제거하고 폭 0.5mm로 길게 썬다.
2. 내열그릇에 재료를 모두 담고, 랩을 느슨하게 씌워서 전자레인지에 약 3분 가열한다. 피망이 익을 때까지, 상태를 보면서 30초씩 추가 가열한다.

간장이 맛의 비결
시금치 페페론치노

【 재료 】 만들기 쉬운 분량

시금치	100g
마늘(다진)	1/2쪽
고추(둥글게 썬)	적당량
간장	1/2작은술
올리브오일	1큰술

【 밑준비 】

시금치는 데쳐서(p.58) 충분히 짠 다음, 먹기 좋은 길이로 자른다.

【 만드는 방법 】

1. 프라이팬에 올리브오일과 마늘을 넣고 약불로 볶는다.
2. 마늘에 살짝 색이 들면 고추, 시금치, 간장을 넣고 가볍게 볶는다.

눈 깜짝할 사이에 완성!
토마토와 모차렐라

【 재료 】 1인분

토마토(두께 1cm로 썬)	1개
모차렐라치즈(두께 1cm로 썬)	100g
바질잎	2~3장
소금	2꼬집
검은 후추	1꼬집
올리브오일	1큰술

【 만드는 방법 】

1. 그릇에 토마토, 모차렐라치즈, 바질 순으로 겹쳐 담는다.
2. 올리브오일, 소금, 후추를 뿌린다.

한층 더!

오므라이스를 맛있게 만드는 요령

1

양파는 써는 방법에 따라 맛이 달라진다!

양파를 썰면 눈물이 난다. 이는 황화알릴이라는 성분 때문으로, 섬유질을 자를 때 많이 생겨난다. 그리고 자를 때는 매워서 눈물이 나지만, 자른 면이 공기와 닿으면 매운맛이 빠지고 단맛이 난다. 따라서 섬유방향(결)에 수직으로 썰거나 다지면, 조리했을 때 단맛을 쉽게 낼 수 있다. 반면에 섬유방향(결)대로 자르면 매운맛이 남지만 씹는 맛도 있어서, 오래 볶거나 졸여도 흐물흐물해지지 않는다.

다지기(왼쪽 아래), 섬유방향대로 얇게 썰기(오른쪽 아래), 섬유방향에 수직으로 얇게 썰기(가운데).

PART 3

색다른 재료를 조합한 깜짝 오므라이스

오므라이스의 가능성은 무한대!
아보카도 크림, 낫토, 중국풍 앙카케 등
색다른 조합이 돋보이는 소스 레시피를 소개한다.

오므라이스 모양					어울리는 밥			
클	스	**회**	담		케	버	**흰**	

해산물의 감칠맛이 듬뿍!

시푸드 앙카케
오므라이스

【 **재료** 】1인분

시푸드 앙카케

가리비 ·······················	4개
새우 ·······················	4마리
베이컨(잘게 썬) ················	20g

A
물 ·······················	130㎖
다시노모토 ··················	1g
간장 ·······················	1작은술
맛술 ·······················	1큰술

물녹말
녹말가루 ··················	5g
물 ·······················	20㎖

쪽파(잘게 썬) ·················	적당량
참기름 ······················	1작은술

【 **만드는 방법** 】

1. 프라이팬에 가리비, 새우, 베이컨, A를 함께 넣고 끓인다.
2. 불을 끄고 물녹말을 조금씩 둘러 넣는다. 불을 켜고 재빨리 섞으면서 걸쭉하게 만든다.

마무리
흰쌀밥으로 회오리 오므라이스를 만들고, 시푸드 앙카케를 얹은 다음 쪽파와 참기름을 뿌린다.

오므라이스 모양

클 스 회 담

어울리는 밥

케 버 흰

레드와인의 성숙한 맛

소고기 레드와인 소스 오므라이스

【재료】 1인분

소고기 레드와인 소스

소고기(덩어리)	200g
양송이(두께 5㎜로 썬)	3개
양파(결대로 얇게 썬)	1/4개
토마토 페이스트	20g
마늘(다진)	1쪽

레드와인	200㎖
물	100㎖
콩소메(과립)	1작은술
설탕	1큰술
소금	2꼬집
검은 후추	1꼬집
월계수잎	1장

설탕	2작은술
소금	적당량
박력분	조금
버터	10g
생크림(마무리용)	적당량

【만드는 방법】

1. 소고기를 한입크기로 썰고 소금, 검은 후추(분량 외)로 밑간을 한 다음 박력분을 묻힌다.

2. 프라이팬에 버터, 마늘을 넣고 가열하다가 마늘에 살짝 색이 들면 양송이를 넣는다.

3. 소고기를 넣고 표면을 굽다가, 양파를 넣어 볶은 다음 토마토 페이스트를 더한다.

4. A를 넣고 약불로 약 30분 졸인다. 중간에 수분이 부족하면 적당량의 물(분량 외)을 넣어, 생크림 정도의 농도가 되도록 조절한다.

5. 소금, 설탕으로 간을 한다.

마무리
케첩라이스로 담뿌뽀 오므라이스를 만들고, 소고기 레드와인 소스를 끼얹은 다음 생크림을 뿌린다.

오므라이스 모양

클 스 회 담

어울리는 밥

케 버 흰

부드럽게 다가오는 크림의 풍미

치킨과 토마토 크림 오므라이스

【재료】 1인분

치킨과 토마토 크림 소스

닭다릿살 ·················	100g
양파(다진) ···············	20g
마늘(다진) ···············	1쪽

A
토마토(캔 / 다이스드) ·······	75g
우유 ···················	75㎖
물 ····················	75㎖

치즈가루 ················	1큰술
검은 후추 ···············	적당량
소금 ···················	적당량
박력분 ·················	조금
식용유 ·················	1큰술

【만드는 방법】

1. 닭고기를 한입크기로 썰고 소금, 후추로 밑간을 한 다음 박력분을 묻힌다.

2. 프라이팬에 식용유 1작은술(분량 외)을 넣어 가열하고, **1**의 껍질에 구운 색이 들도록 굽는다.

3. 다른 프라이팬에 식용유, 마늘을 넣고 가열하다가, 마늘에 살짝 색이 들면 양파를 넣어 볶는다. 양파가 투명해지면 **1**의 닭고기, **A**를 넣고 약불로 약 15분 졸인다.

4. 치즈가루, 후추를 넣고 소금으로 간을 한다.

마무리

케첩라이스로 스크램블 오므라이스를 만들고, 치킨과 토마토 크림 소스를 가장자리에 두른다.

오므라이스 모양				어울리는 밥			
클	스	**회**	담	케	**버**	흰	

식감의 차이까지 즐긴다!

다진 돼지고기와 아스파라거스 크림 오므라이스

【 재료 】 1인분

다진 돼지고기와 아스파라거스 크림 소스

아스파라거스	2줄기
돼지고기(다짐육)	50g
마늘(다진)	1/2쪽
우유	75㎖
물	75㎖
콩소메(과립)	1/2작은술
소금	1꼬집
검은 후추	1꼬집
박력분	2작은술
버터	10g
치즈가루	적당량

【 밑준비 】

1. 아스파라거스는 밑동 5㎝ 부분을, 필러로 껍질을 벗긴다.
2. 냄비에 물 1ℓ와 소금 5g을 넣어 끓이고, **1**을 2분 데친다.
3. 찬물에 식혀서 비스듬히 어슷썰기로 4~5등분한다.

【 만드는 방법 】

1. 프라이팬에 버터, 마늘을 넣고 가열하다가, 마늘에 살짝 색이 들면 다진 고기를 넣어 볶는다.
2. 고기가 익으면 박력분을 넣고 약불로 1분 볶는다.
3. 우유와 물을 섞어서 조금씩 넣고, 한소끔 끓인다.
4. 아스파라거스, 콩소메, 소금, 후추를 넣고 약 1분 가열한다.

마무리

버터라이스로 회오리 오므라이스를 만들고, 다진 돼지고기와 아스파라거스 크림 소스를 얹은 다음 취향에 따라 치즈가루를 뿌린다.

섬세한 신맛이 자꾸 생각나는
혼합 다진 고기와 토마토 오므라이스

【재료】 1인분

혼합 다진 고기와 토마토 소스

혼합 다짐육(소+돼지)	40g
베이컨(다진)	20g
양파(작게 썬)	40g
마늘(다진)	1쪽

A	토마토(캔 / 다이스드)	100g
	데미그라스 소스	30g
	물	70㎖
	월계수잎	1장

B	바질(건조)	1꼬집
	콩소메(과립)	1꼬집
	설탕	1/2작은술
	소금	1꼬집
	검은 후추	1꼬집

마요네즈 소스	마요네즈	1작은술
	식초	1작은술

식용유	1큰술

【만드는 방법】

1. 프라이팬에 식용유를 넣고 마늘, 베이컨을 볶는다.
2. 마늘에 살짝 색이 들면 다진 고기를 넣고 볶는다. 고기의 색이 변하면 양파를 넣고 볶는다.
3. 양파가 투명해지면 **A**를 넣고 약불로 약 15분 졸인다. **B**로 간을 한다.

마무리

케첩라이스로 담뽀뽀 오므라이스를 만들고, 혼합 다진 고기와 토마토 소스를 담은 다음 마요네즈 소스를 뿌린다.

오므라이스 모양

클 스 회 담

어울리는 밥

케 버 흰

아보카도와 크림의 환상적인 궁합!

진한 아보카도 크림 오므라이스

【 재료 】 1인분

아보카도 크림 소스

아보카도	1개
베이컨(잘게 썬)	30g
마늘(다진)	1/2쪽
우유	75㎖
물	75㎖
콩소메(과립)	1/2작은술
소금	1꼬집
검은 후추	조금
버터	10g
박력분	2작은술
치즈가루	1큰술

【 만드는 방법 】

1. 아보카도는 껍질, 씨를 제거하고 한입크기로 썬다.
2. 프라이팬에 버터, 마늘을 넣어 불에 올리고, 마늘에 색이 살짝 들면 베이컨을 넣어 볶는다.
3. 박력분을 넣고 약불로 1분 볶는다. 우유, 물을 넣어 뭉친 박력분을 풀어주고 아보카도, 콩소메, 소금, 후추를 넣는다.
4. 아보카도를 으깨면서 끓인다.

마무리

케첩라이스로 스크램블 오므라이스를 만들고, 아보카도 크림 소스를 한쪽에 얹은 다음 취향에 따라 치즈가루를 뿌린다.

고추맛이 알싸한

게살 토마토 크림 오므라이스

【 재료 】 1인분

게살 토마토 크림 소스

게살(캔)	100g(국물 포함)
양파(다진)	1/8개(20g)
마늘(다진)	1쪽
고추(둥글게 썬)	조금
토마토(캔 / 다이스드)	70g
우유	70㎖
물	100㎖
박력분	1작은술
버터	10g

【 만드는 방법 】

1. 프라이팬에 버터, 마늘을 넣고 약불로 가열하다가 버터에 거품이 나면 고추를 더한다.

2. 마늘에 살짝 색이 들면 양파를 넣고 볶는다.

3. 양파가 투명해지면 박력분을 넣고 약불로 약 1분 볶는다. 토마토, 우유, 물을 넣어 뭉친 박력분을 푼다. 여기에 게살을 국물과 함께 넣고, 약불로 약 15분 졸인다.

마무리
버터라이스로 회오리 오므라이스를 만들고, 게살 토마토 크림 소스를 가장자리에 담는다.

오므라이스 모양

| 클 | 스 | 회 | 담 |

어울리는 밥

| 케 | 버 | 흰 |

참기름 향이 식욕을 자극하는
중국풍 오므라이스

【재료】 1인분

중국풍 앙카케

게맛살 ································· 30g

완두콩 ································· 적당량

A
- 물 ································· 130㎖
- 콩소메(과립) ················· 1/2작은술
- 설탕 ································· 1작은술
- 간장 ································· 1작은술
- 청주 ································· 1큰술
- 굴소스 ································· 1작은술

물녹말
- 녹말가루 ························· 5g
- 물 ································· 20㎖

참기름 ································· 1작은술

【만드는 방법】

1. 프라이팬에 A, 게맛살, 완두콩을 함께 넣고 불에 올린다.
2. 끓으면 불을 끄고, 물녹말을 조금씩 둘러 넣는다. 불을 켜고, 재빨리 섞으면서 걸쭉하게 만든다.

마무리

흰쌀밥으로 회오리 오므라이스를 만들고, 중국풍 앙카케를 담은 다음 참기름을 두른다.

오므라이스 모양

 클   스   회   담

어울리는 밥

 케   버   흰

낫토와 오므라이스의 행복한 만남!
간단 낫토 오므라이스

【 재료 】 1인분

낫토 ·· 2팩(100g)
오크라(데쳐서 작게 썬) ······························· 1개

A ┌ 대파(다진) ··································· 10g
  │ 생강(다진) ···································· 5g
  │ 마늘(다진) ··································· 조금
  │ 멘츠유(2배 농축) ························· 2큰술
  │ 설탕 ······································ 1/2작은술
  └ 참기름 ···································· 1작은술

【 만드는 방법 】

1. 낫토를 다져서 볼에 넣는다.
2. 오크라, A를 넣고 골고루 섞는다.

마무리
케첩라이스로 클래식 오므라이스를 만들고 낫토, 오크라를 올린다.

오므라이스 모양		어울리는 밥	
클 **스** 회 담		케 버 **흰**	

두반장으로 매콤하게!
매콤 다진 고기 오므라이스

【 재료 】 1인분

돼지고기(다짐육)	50g
두반장	1작은술
청주	1~2작은술
간장	1작은술

A ─
물	130㎖
콩소메(과립)	1/2작은술
설탕	1작은술
굴소스	1작은술
참기름	1작은술

물녹말 ─
녹말가루	5g
물	20㎖

식용유	1큰술
고수	적당량
산초	적당량

【 만드는 방법 】

1. 프라이팬에 식용유를 넣어 가열하고, 두반장을 볶다가 향이 나면 다진 고기를 넣어 볶는다.

2. 다진 고기가 보슬보슬해지면 청주, 간장을 넣어 간을 한다.

3. 다른 프라이팬에 **A**를 넣고, 끓으면 불을 끈 다음 물녹말을 조금씩 둘러 넣는다. 불을 켜고 재빨리 섞으면서 걸쭉하게 앙카케를 만든다.

마무리
흰쌀밥으로 스크램블 오므라이스를 만들고, 앙카케를 가장자리에 붓고 다진 고기를 위에 올린다. 취향에 따라 고수, 산초를 곁들인다.

POINT

감칠맛을 최대한 끌어올리려면, 다진 돼지고기를 보슬보슬하게 볶을 것!

오므라이스 모양						어울리는 밥			
클	**스**	회	담			케	버	**흰**	

카레 × 달걀 = 완벽한 하모니!
몽글몽글 달걀 카레

【 재료 】 1인분

닭다릿살(한입크기로 썬) ························· 100g
양파(결대로 얇게 썬) ······················· 1/2개
당근(한입크기로 썬) ························· 40g
마늘(다진) ································· 1쪽
생강(다진) ······························ 1작은술
물 ···································· 150㎖
토마토(캔 / 다이스드) ······················ 150g

　　　월계수잎 ······················· 1장
　　　케첩 ························· 2큰술
A　　우스터소스 ······················ 1큰술
　　　간장 ························ 1작은술

카레가루 ································· 적당량
설탕 ···································· 1작은술
소금 ···································· 적당량
코쇼(흑백혼합후추) ························· 조금
박력분 ··································· 1큰술
믹스치즈 ································· 40g
치즈가루 ································· 10g
식용유 ··································· 1큰술

【 만드는 방법 】

1. 닭고기에 소금, 코쇼를 뿌린다.
2. 프라이팬에 식용유, 마늘, 생강을 넣고 볶다가, 향이 나면 양파를 넣어 갈색이 될 때까지 볶는다.
3. 닭고기, 당근을 넣고 볶는다. 닭고기가 익으면 박력분을 넣고 약 1분 함께 볶는다. 물, 토마토를 조금씩 넣으면서 뭉친 박력분을 풀어준다.
4. **A**를 넣고 약불로 약 10분 졸인다.
5. 불을 끄고 카레가루, 설탕을 넣어 한소끔 끓인 다음 소금으로 간을 한다.
6. 내열그릇에 카레를 담고, 믹스치즈와 치즈가루를 뿌린다. 200℃로 예열한 오븐에 약 8분, 치즈가 노릇해질 때까지 굽는다.

마무리
흰쌀밥으로 스크램블 오므라이스를 만들고, 오븐에 구운 카레를 곁들여 먹는다.

폭신폭신 보기에도 특별한 오므라이스

수플레 오므라이스

【 재료 】 1인분

달걀	2개
소금	적당량
코쇼(흑백혼합후추)	적당량
버터	10g

【 만드는 방법 】

1. 볼에 달걀흰자를 넣고, 노른자는 따로 둔다.
2. **1**의 흰자를 핸드블렌더로 뿔이 뾰족하게 설 때까지 충분히 휘핑한다.
3. **2**에 노른자를 넣고, 거품이 부서지지 않게 골고루 섞은 다음 소금, 코쇼로 간을 한다.
4. 프라이팬을 중불로 가열하여, 버터를 넣고 달걀물을 흘려넣는다.
5. 뚜껑을 덮고 약불로 약 3~4분 찌듯이 굽는다.
6. 접어서 오므라이스 모양을 만든다.

마무리
케첩 소스(p.46)와 함께 즐기기를 추천한다.

POINT

흰자 거품이 되도록 부서지지 않게 섞어서 구우면, 폭신폭신한 식감으로 완성된다.

한층 더!

오므라이스를 맛있게 만드는 요령

2

마늘은 써는 방법에 따라 향이 달라진다!

마늘은 써는 방법에 따라 향이 달라진다. 예를 들어, 마늘의 섬유질을 끊는 방향으로 얇게 썰면 향이 강해진다. 여기서 향을 더 강하게 내고 싶을 때는 다지기를 추천한다. 반대로 조림 등의 경우 칼로 눌러 으깨서 소스에 향을 입힌다. 이 책에 소개한 소스도 취향에 맞게 응용해 보기 바란다. 무엇보다 마늘은 타기 쉬우므로, 기름이 뜨거워지기 전에 넣는 것이 포인트다.

다지기(왼쪽 아래), 칼로 눌러 으깨기(오른쪽 아래), 섬유방향에 수직으로 얇게 썰기(가운데)

PART4

면과 달걀의 조합, 면+오므라이스

오므「라이스」는 라이스(밥)가 아니라 면을 넣어도 맛있다!
오므소바, 오므스파게티 등 폭신하고 몽글몽글한 달걀과의 궁합이 훌륭하다.
변화구를 즐겨 보자!

 스 회 담

모두가 좋아하는 그 맛을 집에서!
오므소바

【재료】 1인분

달걀	2개
야키소바면(숙면)	1봉지
삼겹살	100g
양파(결대로 얇게 썬)	1/4개
피망(잘게 썬)	1개
소금	조금
코쇼(흑백혼합후추)	조금
간장	1작은술
우스터소스	2큰술
마요네즈	적당량
파래	적당량
식용유	1큰술

【만드는 방법】

1. 프라이팬에 식용유를 넣어 가열하고 양파, 피망을 볶은 다음 소금, 코쇼를 뿌린다.
2. 삼겹살을 넣고, 익으면 면을 넣은 다음 간장, 우스터소스를 더하여 볶는다.
3. 소금, 코쇼로 간을 한다.

마무리
프라이팬에 스크램블 오므라이스와 동일한 요령으로 달걀을 익히고, 야키소바를 가운데에 올린 다음 달걀로 감싼다. 그릇에 옮겨서 마요네즈, 파래를 뿌린다.

클 스 회 담

파스타와 어우러진 달걀의 중독성!

몽글몽글 달걀을 올린 명란 스파게티

【재료】 1인분

몽글몽글 달걀	달걀 ·································	2개
	생크림 ······························	10g
파스타(건조) ·································		100g
A	물 ···································	1ℓ
	소금 ·································	10g
B	명란(껍질 제거) ····················	60g
	버터 ·································	15g
	간장 ····························	1/2작은술
마늘 오일	마늘(얇게 썬) ····················	1쪽
	올리브오일 ·························	1큰술
파스타 면수 ··································		40㎖
차조기잎(채썬) ······························		2장

【밑준비】

프라이팬에 올리브오일, 마늘을 넣고 약불로 마늘에 살짝 색이 들 때까지 볶아서 마늘 오일을 만든다.

【만드는 방법】

1. 냄비에 **A**를 넣고 끓여서 파스타를 삶는다. 전체 삶는 시간의 1분 전에 체에 건져 올린다.
2. 볼에 **B**, 마늘 오일을 넣는다.
3. **1**의 면을 **2**에 넣고, 면수를 더하여 골고루 섞는다.
4. 〈몽글몽글 달걀〉의 재료로 회오리 오므라이스(달걀 부분)를 만든다.

마무리

그릇에 파스타를 담고, 회오리 오므라이스(달걀 부분)를 얹은 다음 차조기잎을 올린다.

오므라이스 모양

클 스 회 담

「달걀」을 만끽하는 오므라이스 & 파스타!

몽글몽글 달걀을 올린 카르보나라

【재료】 1인분

| 몽글몽글 달걀 | 달걀 | 2개 |
| | 생크림 | 10g |

파스타(건조)	100g
베이컨(폭 5mm로 썬)	30g
마늘(다진)	1/2개

| A | 물 | 1ℓ |
| | 소금 | 10g |

B	치즈가루	40g
	생크림	40g
	검은 후추	1꼬집

파스타 면수	80㎖
소금	조금
올리브오일	1큰술

| 검은 후추 | 적당량 |

【만드는 방법】

1. 냄비에 **A**를 넣고 끓여서 파스타를 삶는다. 전체 삶는 시간 1분 전에 체에 건져 올린다.

2. 볼에 **B**를 넣고 섞는다.

3. 프라이팬에 올리브오일, 마늘, 베이컨을 넣고 마늘에 살짝 색이 들 때까지 볶는다.

4. **3**에 면수를 넣고 불을 끈다.

5. 면을 **4**에 넣고, 조금 섞은 다음 **2**의 볼에 옮겨서 섞는다. 소금으로 간을 한다.

6. 〈몽글몽글 달걀〉의 재료로 스크램블 오므라이스(달걀 부분)를 만든다.

마무리

그릇에 파스타를 담고, 스크램블 오므라이스(달걀 부분)를 얹은 다음 취향에 따라 검은 후추를 뿌린다.

만족스러운 풍성한 볼륨감!

몽글몽글 달걀을 올린 나폴리탄

【 재료 】 1인분

몽글몽글 ┌ 달걀 ………………………………… 2개
달걀　　 └ 생크림 ……………………………… 10g

파스타(건조) …………………………………… 100g
베이컨(폭 5㎜로 썬) …………………………… 30g
소시지(4등분) …………………………………… 2개
양파(결대로 얇게 썬) ………………………… 1/4개
피망(가늘게 썬) ………………………………… 2개
마늘(다진) ……………………………………… 1쪽

A ┌ 물 ……………………………………… 1ℓ
　 └ 소금 …………………………………… 10g

B ┌ 케첩 …………………………………… 3큰술
　│ 콩소메(과립) ………………………… 1작은술
　└ 물 …………………………………… 50㎖

믹스치즈 ………………………………………… 20g
치즈가루 ………………………………………… 20g
올리브오일 ……………………………………… 1큰술

【 만드는 방법 】

1. 냄비에 **A**를 넣고 끓여서 파스타를 삶는다. 전체 삶는 시간 1분 전에 체에 건져 올린다.
2. 프라이팬에 올리브오일, 마늘, 베이컨을 넣고 마늘에 살짝 색이 들 때까지 볶는다.
3. 소시지, 양파, 피망을 넣고 볶다가 양파가 투명해지면 **B**를 더하여 졸인다.
4. **1**의 파스타, 믹스치즈, 치즈가루를 넣고 볶는다.
5. 〈몽글몽글 달걀〉의 재료로 담뽀뽀 오므라이스(달걀 부분)를 만든다.

마무리
그릇에 파스타를 담고 담뽀뽀 오므라이스(달걀 부분)를 위에 얹는다.

POINT

나폴리탄은 철제 프라이팬으로 만들면 풍미가 UP!

끝마치면서

모두에게 익숙한 오므라이스이지만,
이 책을 통해 한층 더 친근해졌으리라 믿는다.

솔직히 말해 오므라이스를 보기 좋게 만들려면
연습이 필요하고, 그리 쉽게 익숙해지지도 않는다.
달걀은 정말 섬세한 재료이기 때문에
솜씨 있게 다루기까지는 시간이 걸린다.

나도 수백 번이나 실패했다.
이는 달걀에 대한 이해가 부족했기 때문이다.
어떻게 해야 잘 미끄러질까?
몇 ℃에서 덩어리지는 걸까?
불조절은 어떻게 해야 좋을까?
등등… 시행착오의 연속이었다.

그래서 독자 여러분은 꼭 최단 경로로 성공했으면 좋겠다.
그럴 수 있도록, 이 책은
만드는 방법뿐 아니라 그렇게 만드는 이유까지
진짜 다 알려주려고 노력했다.

뿐만 아니라 가정마다
프라이팬도 다르고 달걀의 온도, 화력도 다르다.
응용도 할 수 있게 설명했지만, 원인을 찾을 수 없는 경우에는
TikTok, 인스타그램, 네이버 LINE으로 메시지를 받고 있다.

이 책을 손에 든 이상,
모두가 꼭 즐겨 주었으면 좋겠고 반드시 성공하기를 바란다!

그럼,
멋진 오므라이스 라이프를 누릴 수 있기를.

2022년 1월 「산타」의 오므라이스의 프로

TikTok

Instagram

LINE

오므라이스 프로 지음

아이치현 오카자키시의 인기 오므라이스 맛집 「몽글몽글 달걀 오므라이스 산타」의 2대 셰프. 1994년 오카자키시에서 태어나, 고등학교 졸업 후 샐러리맨 생활을 거쳐 셰프로 전향했다. 어릴 적부터 오므라이스를 좋아했다. 오므라이스를 만들어 사람들을 기쁘게 하겠다는 생각으로, 아버지가 창업한 식당에서 견습을 거쳐 오너 셰프로 성장했다. 오므라이스를 만드는 즐거움과 그 심오함을 많은 사람에게 알리고자 2020년 6월 시작한 TikTok이 주목을 받아 팔로워 350만 명, 동영상 재생횟수 3억 회(2022년 1월 기준)가 넘으며 큰 인기를 얻고 있다.

정문주 옮김

한국외국어대학교 통번역대학원 졸업 후 통·번역가, 출판기획자, 일본어 강사, 저자로 활약 중이다. 국내 최대 출판기획사 엔터스코리아에서도 활발히 번역 활동 중이다.

진짜 다 알려주는 오므라이스 책

펴낸이 유재영	**기 획** 이화진
펴낸곳 그린쿡	**편 집** 이준혁
지은이 오므라이스 프로	**디자인** 임수미
옮긴이 정문주	

1판 1쇄 2022년 12월 5일

출판등록 1987년 11월 27일 제10-149
주소 04083 서울 마포구 토정로 53(합정동)
전화 02-324-6130, 324-6131
팩스 02-324-6135
E-메일 dhsbook@hanmail.net
홈페이지 www.donghaksa.co.kr
　　　　　 www.green-home.co.kr
페이스북 www.facebook.com/greenhomecook
인스타그램 www.instagram.com/__greencook

ISBN 978-89-7190-842-6 13590

- 이 책은 실로 꿰맨 사철제본으로 튼튼합니다.
- 잘못된 책은 구매처에서 교환하시고, 출판사 교환이 필요할 경우에는 사유를 적어
  도서와 함께 위의 주소로 보내주십시오.
- 이 책의 내용과 사진의 저작권 문의는 주식회사 동학사(그린쿡)로 해주십시오.